AF389232

LES
OISEAUX D'EUROPE

TOME PREMIER.

Cet ouvrage peut servir de complément au MANUEL
D'ORNITHOLOGIE, ou *Tableau systématique des Oiseaux
qui se trouvent en Europe*, par J.-C. Temminck. Paris,
1820-1840, 4 vol. in-8.

Paris. — Imprimerie de L. MARTINET, rue Jacob, 30.

LES
OISEAUX D'EUROPE

DÉCRITS

Par C.-J. TEMMINCK,

Directeur du Musée royal d'histoire naturelle à Leyde, membre de plusieurs
Académies et Sociétés savantes.

Atlas de 530 Planches

DESSINÉES

Par J.-C. WERNER,

Peintre au Muséum d'histoire naturelle de Paris.

TOME PREMIER.

A PARIS,

CHEZ J.-B. BAILLIÈRE,

LIBRAIRE DE L'ACADÉMIE NATIONALE DE MÉDECINE
17, rue de l'École de Médecine

A LONDRES, CHEZ H. BAILLIÈRE, 219, REGENT-STREET

1848.

TABLES DE L'ATLAS

DES

OISEAUX D'EUROPE.

NOTA. Les grands chiffres romains désignent le volume ; les chiffres arabes indiquent la pagination du *Manuel d'ornithologie* servant de texte à cet atlas. — Les oiseaux marqués d'une astérisque ne figurent pas dans l'Atlas, parce qu'ils n'appartiennent pas à l'Europe.

	I	III	IV
ORDRE PREMIER. RAPACES. *Rapaces.*	1	1	
GENRE 1er. VAUTOUR , *Vultur.*	2	1	
Vautour oricou, *Vu. Auricularis.*			585
— arrian , *Vu. Cinereus.*	4	2	
— griffon , *Vu. Fulvus.*	5	3	
— chassefiente , *Vu. Kolbii.*			587
GENRE 2e. CATHARTE, *Cathartes.*	7	6	
Catharte alimoche , *Ca. Perenopterus.*	8	6	
GENRE 3e. GYPAÈTE , *Gypaetus.*	10	7	
Gypaète barbu , *Gy. Barbatus.*	11	8	
GENRE 4e. FAUCON , *Falco.*	13	8	
1re *Division. Faucons proprement dits.*	16	9	

	I	III	IV
Faucon gerfaut , *Fa. Islandicus.*	17	9	
— lanier, *Fa. Lanarius.*	20	10	
— pèlerin , *Fa. Peregrinus.*	22	11	
— hobereau , *Fa. Subuteo.*	25	12	
— émérillon , *Fa. Æsalon.*	27	13	
— cresserelle , *Fa. Tinnunculus.*	29	14	
— cresserellette, *Fa. Tinnuncolvïdes.*	31	15	
— Kobez, *Fa. Rufipes.*	33	17	
— concolore , *Fa. Concolor.*			589
— Eléonore , *Fa. Eleonoræ.*			593
IIe *Division. Aigles proprement dits.*	35	18	
Aigle impérial , *Fa. Imperialis.*	36	18	
— royal , *Fa. Fulvus.*	38	19	
— Bonnelli , *Fa. Bonnelli.*		19	
— criard , *Fa. Nævius.*	42	23	
— botté , *Fa. Pennatus.*	44	23	
— Jean-le-Blanc , *Fa. Brachydactylus.*	46	24	
— balbuzard , *Fa. Haliœtus.*	47	25	
— pygargue , *Fa. Albicilla.*	49	26	
— à tête blanche , *Fa. Leucocephalus.*	52	27	
IIIe *Division. Autours.*	54	27	
Autour, *Fa. Palumbarius.*	55	27	
Epervier, *Fa. Nisus.*	56	28	
IVe *Division. Milans.*	58	30	
Milan royal, *Fa. Milvus.*	59	30	
— noir ou étolien, *Fa. Ater.*	60	30	
Ve *Division. Elanions.*		32	
Elanion Martinet , *Fa. Furcatus.*			590
— blanc, *Fa. Melanopterus.*	33	592	

	I	III	IV
VIe *Division. Buses.*	62	35	
Buse commune, *Fa. Buteo.*	63	35	
— pattue, *Fa. Lagopus.*	65	37	
— bondrée, *Apiorrus.*	67	38	
VIIe *Division. Busards.*	68	39	
Busard harpaye ou de marais, *Fa. Rufus.*	69	39	
— Saint-Martin, *Fa. Cyaneus.*	72	41	
— Montagu, *Fa. Cineraceus.*	76	42	
— blafard, *Fa. Pallidissimus.*			594
GENRE 5e. CHOUETTE, *Strix.*	78	43	
Ire *Division. Chouettes proprement dites.*	80	44	
1re *Section. Chouettes accipitrines.*	81	44	
Chouette lapone, *St. Laponica.*	81	44	
— harfang, *St. Nictea.*	82	45	
— de l'Oural, *St. Uralensis.*	84	46	
— caparacoch, *St. Funerea.*	86	47	
2e *Section. Chouettes nocturnes.*	88	47	
Chouette nébuleuse, *St. Nebulosa.*	88	47	
— hulotte, *St. Aluco.*	89	48	
— effraie, *St. Flammea.*	91	48	
— chevêche, *St. Passerina.*	92	49	
— Tengmalm, *St. Tengmalmi.*	94	49	
— chevêchette, *St Acadica.*	96	50	
IIe *Division. Hibous.*	98	51	
Hibou brachyote, *St. Brachyotos.*	99	51	
— Ascalaphe, *St. Ascalaphus.*		52	
— grand-duc, *St. Bubo.*	100	53	
— moyen-duc, *St. Otus.*	102	54	
— Scops, *St. Scops.*	103	54	

	I	III	IV
ORDRE DEUXIÈME.* OMNIVORES. *Omnivores.	105	55	
GENRE 6ᵉ. CORBEAU , *Corvus.*	106	55	
Corbeau proprement dit.	106	56	
Corbeau noir, *Co. Corax.*	107	56	
— Leucophée, *Co. Leucophœus.*	¿	56	597
Corneille noire, *Co. Corone.*	108	58	
— mantelée, *Co. Cornix.*	109	59	
Corbeau Freux, *Co. Frugilegus.*	110	59	
— choucas, *Co. Monedula.*	111	60	
— chouc, *Co. Spermologus.*		61	
GENRE 7ᵉ. GARRULE , *Garrulus.*	113	63	
Iʳᵉ *Division. Pies proprement dites.*	113	63	
Pie , *Ga. Picus.*	113	63	
— turdoïde, *Ga. Cyanus.*		64	
IIᵉ *Division. Geais.*	114	65	
Geai glandivore, *Ga. Glandarius.*	114	65	
— à calotte noire, *Ca. Melanocephalus.*			598
— imitateur, *Ga. Jufaustus.*	115	66	
GENRE 8ᵉ. CASSENOIX , *Nucifraga.*	116	67	
Cassenoix , *Nu. Caryocatactes.*	117	67	
GENRE 9ᵉ. PYRRHOCORAX , *Pyrrhocorax.*	119	68	
Pyrrhocorax chocard , *Py. Pyrrhocorax.*	121	68	
— coracias, *Py. Graculus.*	122	69	
GENRE 10ᵉ. JASEUR , *Bombycilla.*	123	70	
Grand-jaseur, *Bo. Garrula.*	124	71	
GENRE 11ᵉ. ROLLIER , *Coracias.*	126	72	
Rollier vulgaire, *Co. Garrula.*	127	72	
GENRE 12ᵉ. LORIOT, *Oriolus.*	128	73	

	I	III	IV
Loriot vulgaire, *Or. Galbula.*	129	73	
GENRE 13e. ETOURNEAU, *Sturnus.*	130	74	
Etourneau vulgaire, *St. Vulgaris.*	132	74	
— unicolore, *St. Unicolor.*	133	75	
GENRE 14e. MARTIN, *Pastor.*	135	76	
Martin roselin, *Pa. Roseus.*	136	76	

ORDRE TROISIÈME. INSECTIVORES ,

Insectivores.	139	79	
GENRE 15e. PIE GRIÈCHE , *Lanius.*	140	79	
Pie grièche grise, *La. Excubitor.*	142	80	
— méridionale , *La. Meridionalis.*	143	80	
— à poitrine rose , *La Minor.*	144	81	
— à capuchon , *La. Cuculatus.*			600
— rousse , *La. Rutilus.*	146	82	
— écorcheur, *La. Colluris.*	147	82	
GENRE 16e. GOBE-MOUCHE, *Muscicapa.*	150	83	
Gobe-mouche gris, *Mu. Grisola.*	152	83	
— à collier, *Mu. Albicollis.*	153	84	
— bec-figue, *Mu. Luctuosa.*	155	84	
— rougeâtre, *Mu. Parva.*	158	85	
GENRE 17e. MERLE, *Turdus.*	160	86	
1re *Section. Sylvains.*	161	87	
Merle varié ou de White, *Tu. Varius seu Whitei.*			602
— draine, *Tu. Viscivorus.*	161	87	
— litorne, *Tu. Pilaris.*	163	88	
— grive, *Tu. Musicus.*	164	88	
— mauvis, *Tu. Iliacus.*	165	89	

TABLES DE L'ATLAS

	I	III	ıV
Merle à plastron, *Tu. Torquatus.*	166	89	
— noir, *Tu. Merula.*	168	90	
— erratique, *Tu. Migratorius.*		91	
— à gorge noire, *Tu. Atrogularis.*	169	93	
— Naumann, *Tu. Naumannii.*	170	96	604
— * blafard (1), *Tu. Pallidus.*		97	605
— à sourcils blancs, *Tu. Sibiccus.*		98	
2ᵉ *Section. Saxicoles.*	172	102	
Merle de roche, *Tu. Saxatilis.*	172	102	
— bleu, *Tu. Cyaneus.*	173	103	
GENRE 17ᵉ *bis.* TURDOÏDE, *Ixos.*			606
Turdoïde obscur, *Ix. Obscurus.*			608
GENRE 18ᵉ. CINCLE, *Cinclus.*	176	104	
Cincle plongeur, *Ci. Aquaticus.*	177	105	
— à ventre noir, *Ci. Melanogaster.*		106	609
— de Pallas, *Ci. Pallasii.*		107	
GENRE 19ᵉ. BEC-FIN, *Sylvia.*	178	109	
1ʳᵉ *Section. Riverains.*	181	109	
Bec-fin rousserolle, *Sy. Turdoïdes.*	181	109	
— des Oliviers, *Sy. Olivetorum.*			611
— rubigineux, *Sy. Rubiginosa.* (Voy. 2ᵉ *section,* aux *Sylvains.*)			
— riverain, *Sy. Fluviatilis.*	183	111	
— locustelle, *Sy. Locustella.*	184	112	613
— trapu, *Sy. Certhiola.*	186	113	

(1) Exotique. Habite la Sibérie. L'apparition de cette espèce en Europe est basée sur la capture de trois individus.

	I	III	IV
Bec-fin aquatique, *Sy. Aquatica.*	188	114	
— phragmite, *Sy. Phragmitis.*	189	115	
— de roseaux, *Sy. Arundinacea.*	191	115	
— verderolle, *Sy. Palustris.*	192	116	
— bouscarle ou Cetti, *Sy. Cetti.*	194	118	
— des saules, *Sy. Luscinoïdes.*		119	
— à moustaches noires, *Sy. Melanopogon.*		121	
— cisticole, *Sy. Cisticola.*	228	123	
— lancéolé, *Sy. Lanceolata.*			614
2ᵉ *Section. Sylvains.*	195	125	
Bec-fin rossignol, *Sy. Luscinia.*	195	125	
— philomèle, *Sy. Philomela.*	196	126	
— soyeux, *Sy. Sericea.*	197	126	
— Orphée, *Sy. Orphea.*	198	127	
— rayé, *Sy. Nisoria.*	200	128	
— rubigineux, *Sy. Rubiginosa.*	182	126	615
— de Ruppel, *Sy. Ruppellii.*		129	
— à tête noire, *Sy. Atricapilla.*	201	131	
— mélanocéphale, *Sy. Melanocephala.*	203	132	
— sarde, *Sy. Sarda.*	204	133	
— fauvette, *Sy. Hortensis.*	206	133	
— grisette, *Sy. Cinerea.*	207	133	
— babillard, *Sy. Curruca.*	209	134	
— à lunettes, *Sy. Conspicillata.*	210	134	617
— pitchou, *Sy. Provincialis.*	211	137	
— passerinette, *Sy. Passerina.*	213	138	
— subalpin, *Sy. Subalpina.*	214		

	I	III	IV
Bec-fin rouge-gorge, *Sy. Rubecula.*	215	142	
— gorge-bleue, *Sy. Suecica.*	216	143	
— rouge-queue, *Sy. Tythis.*	218	145	
— de murailles, *Sy. Phœnicurus.*	220	146	
3ᵉ *Section. Muscivores.*	222	147	
Bec-fin à poitrine jaune, *Sy. Hippolaïs.*	222	148	
— siffleur, *Sy. Sibilatrix.*	223	149	
— ictérine (1), *Sy. Icterina.*		150	
— pouillot, *Sy. Trochilus.*	224	152	
— véloce, *Sy. Rufa.*	225	154	
— Natterer, *Sy. Nattereri.*	227	154	
GENRE 20ᵉ. ROITELET, *Regulus.*	229	156	
Roitelet ordinaire, *Re. Cristatus.*	229	157	
— triple bandeau, *Re. Ignicapillus.*	231	158	
— modeste, *Re. Modestus.*			618
GENRE 21ᵉ. TROGLODYTES, *Troglodytes.*	233	158	
Troglodyte ordinaire, *Tr. Vulgaris.*	233	158	
— *enfumé (2), *Tr. Fumigatus.*			161
GENRE 22ᵉ TRAQUET, *Saxicola.*	235	162	
Traquet rieur, *Sa. Cachinnans.*	236	163	
— moteux, *Sa. Ænanthe.*	237	164	
— stapazin, *Sa. Stapazina.*	239	164	
— oreillard, *Sa. Aurita.*	241	165	
— leucomèle, *Sa. Leucomela.*	243	166	

---

(1) Voir Bec-fin Pouillot, dont la figure ressemble complétement à cette espèce.

(2) Exotique. Habite le Japon.

	I	III	IV
Traquet tarier, *Sa. Rubreta.*	244	167	
— rubicole (1), *Sa. Rubicola.*	246	168	
GENRE 23e. ACCENTEUR , *Accentor.*	241	171	
Accenteur pégot ou des Alpes, *Ac. Alpinus.*	248	171	
— Calliope , *Ac. Calliope.*		172	
— mouchet , *Modularis.*	249	174	
— montagnard , *Ac. Montanellus.*	251	174	
GENRE 24e. BERGERONNETTE , *Motacilla.*	252	175	
Bergeronnette lugubre , *Mo. Lugubris.*	253	175	
— grise , *Mo. Alba.*	255	178	
— Yarrell , *Mo. Yarelli.*			620
— jaune ou boarule , *Mo. Boarula.*	257	179	
— citrine , *Mo. Citreola.*	259	180	
— printanière , *Mo. Flava.*	260	181	622
— flavéole , *Mo. Flaveola.*		183	
GENRE 25°. PIPIT , *Anthus.*	261	185	
Pipit Richard , *An. Richardi.*	263	185	
— spioncelle , *An. Aquaticus.*	265	187	623
— obscur ou maritime, *An. Obscurus.*			628
— rousseline , *An. Rufescens.*	267	289	
— farlouse , *An. Pratensis.*	269	190	635
— à gorge rousse , *An. Rufogularis.*		192	
— des buissons , *An. Arboreus.*	271	194	

ORDRE QUATRIÈME. GRANIVORES ,
Granivores. | 273 | 196 |

---

(1) Voir Traquet-Pâtre.

	I	III	IV
GENRE 26ᵉ. ALOUETTE , *Alauda.*	274	196	
1ʳᵉ *Section.*		197	
Alouette Dupont , *Al. Duponti.*		197	
— bifasciée , *Al. Bifasciata.*		199	636
2ᵉ *Section.*	279	200	
Alouette à hausse-col noir, *Al. Alpestris.*	279	201	
— Kolly, *Al. Kollyi.*		202	
— des champs, *Al. Arvensis.*	281	203	
— lulu , *Al. Arborea.*	282	203	
— cochevis, *Al. Cristata.*	277	204	
— Calandrelle, *Al. Brachydactyla.*	284	205	
— Isabelline , *Al. Isabellina.*			637
3ᵉ *Section.*		206	
Alouette Calandre, *Al. Calandra.*	276	206	
— nègre , *Al. Tartarica.*	275	207	
GENRE 27ᵉ. MÉSANGE. *Parus.*	286	207	
1ʳᵉ *Section. Sylvains.*	287	208	
Mésange charbonnière , *Pa. Major.*	287	208	
— petite charbonnière , *Pa. Ater.*	288	209	
— bleue, *Pa. Cœruleus.*	289	209	
— bicolore, *Pa. Bicolor.*		210	
— huppée, *Pa. Cristatus.*	290	211	
— nonnette , *Pa. Palustris.*	291	212	
— lugubre, *Pa. Lugubris.*	293	212	
— à ceinture blanche, *Pa. Sibiricus.*	294	213	
— azurée, *Pa. Cyanus.*	295	213	
— à longue queue , *Pa. Caudatus.*	296	214	
2ᵉ *Section. Riverains.*	298	214	
Mésange moustache , *Pa. Biarmicus.*	298	214	

	I	III	IV
3ᵉ *Section. Pendulines.*	300	216	
Mesange rémiz, *Pa. Pendulinus.*	300	216	
GENRE 28ᵉ. BRUANT, *Emberiza.*	302	216	
1ʳᵉ *Section. Bruants proprement dits.*	303	217	
Bruant crocote, *Em. Melanocephala.*	303	217	
— jaune, *Em. Citrinella.*	304	218	
— proyer, *Em. Miliaria.*	306	219	
— de roseaux, *Em. Schœniclus.*	307	219	
— de marais, *Em. Palustris.*		220	639
— à couronne lactée, *Em. Pithornus.*	410	224	
— ortolan, *Em. Hortulana.*	311	225	
— cendrillard, *Em. Cœsia.*		225	
— striolé, *Em. Striolata.*			640
— zizi ou de haie, *Em. Cirlus.*	313	227	
— fou ou de pré, *Em. Cia.*	315	227	
— * rustique (1), *Em. Rustica.*		229	
— auréole, *Em. Aureola.*		232	
— jacobin, *Em. Hyemalis.*		234	
— mytilène, *Em. Lesbia.*	317	235	
— gavoué, *Em. Provincialis.*		237	
2ᵉ *Section. Bruants plectrophanes.*	318	238	
Bruant de neige, *Em. Nivalis.*	319	238	
— montain, *Em. Calcarata.*	322	339	
GENRE 29ᵉ. BEC-CROISÉ, *Loxia.*	324	241	
Bec-croisé perroquet, *Lo. Pittiopsittacus.*	325	242	
— des pins, *Lo. Curvirostra.*	328	242	

---

(1) Exotique. Habite la Crimée.

	I	III	IV
Bec-croisé leucoptère , *Lo. Leucoptera.*		243	
GENRE 30ᵉ. BOUVREUIL , *Pyrrhula.*	331	246	
Bouvreuil dur bec , *Py. Enucleator.*	333	246	
— pallax, *Py. Rosea.*	335	246	
— cramoisi , *Py. Erithrina.*	336	247	
— commun , *Py. Vulgaris.*	338	248	
— githagine , *Py. Githagina.*		249	
— à longue queue , *Py. Longicauda.*	340	251	
GENRE 31ᵉ. GROS-BEC , *Fringilla.*	341	253	
1ʳᵉ. *Section. Laticones.*	344	253	
Gros-bec vulgaire , *Fr. Coccothraustes.*	344	253	
— verdier, *Fr. Chloris.*	346	254	
— incertain , *Fr. Incerta.*		254	642
— soulcie, *Fr. Petronia.*	348	255	
— moineau , *Fr. Domestica.*	350	256	
— cisalpin , *Fr. Cisalpina.*	351	256	
— espagnol , *Fr. Hispaniolensis.*	353	257	
— friquet , *Fr. Montana.*	354	259	
— islandais , *Fr. Islandica.*			642
— serin ou cini , *Fr. Serinus.*	356	259	
2ᵉ *Section. Brévicones.*	357	260	
Gros-bec pinson , *Fr. Cœlebs.*	357	260	
— des Ardennes, *Fr. Montifringilla.*	360	261	
— niverolle, *Fr. Nivalis.*	362	261	
— linotte , *Fr. Cannabina.*	364	262	
— gorge rousse ou de montagne.	368	262	
3ᵉ Section. *Longicones.*	370	263	
Gros-bec venturon , *Fr. Citrinella.*	370	263	
— tarin , *Fr. Spinus.*	371	264	

	I	III	IV
Gros-bec boréal , *Fr. Borealis.*		264	644
— sizerin , *Fr. Linaria.*	373	267	
— chardonneret , *Fr. Carduelis.*	376	269	

ORDRE CINQUIÈME. ZYGODACTYLES , *Zygodactyli.* — 378 270

	I	III	IV
ORDRE CINQUIÈME. ZYGODACTYLES , *Zygodactyli.*	378	270	
GENRE 32ᵉ. COUCOU , *Cuculus.*	380	270	
Coucou gris , *Cu. Canorus.*	381	272	
— geai , *Cu. Glandarius.*		274	
— cendrillard , *Cu. Cinerosus.*		277	
GENRE 33ᵉ. PIC , *Picus.*	388	280	
Pic noir, *Pi. Martius.*	390	280	
— vert , *Pi. Viridis.*	391	280	
— cendré , *Pi. Canus.*	393	281	
— épeiche , *Pi. Major.*	395	281	
— leuconote , *Pi. Leuconotus.*	396	282	
— mar, *Pi. Medius.*	398	282	
— épeichette , *Pi. Minor.*	399	283	
— tridactyle , *Pi. Tridactylus.*	401	283	
GENRE 34ᵉ. TORCOL , *Yrenx.*	403	284	
Torcol ordinaire , *Yr. Torquilla.*	403	284	
ORDRE SIXIÈME. ANISODACTYLES , *Anisodactyli.*	405	285	
GENRE 35ᵉ. SITELLE , *Sitta.*	406	285	
Sitelle torchepot , *Si. Europœa.*	407	285	
— soyeuse , *Si. Soriaca.*			645
— syriaque ou des rochers, *Si. Syriaca.*		286	
GENRE 36ᵉ. GRIMPEREAU , *Certhia.*	408	288	

	I	III	IV
Grimpereau familier, *Ce. Familiaris.*	410	288	
GENRE 37ᵉ. TICHODROME , *Tichodroma.*	411	290	647
Tichodrome échelette , *Ti. Phœnicoptera.*	412	290	647
GENRE 38ᵉ. HUPPE , *Upupa.*	414	291	
Huppe puput, *Up. Epops.*	415	291	
ORDRE SEPTIÈME. ALCYONS , *Alcyones.*	418	293	
GENRE 39ᵉ. GUÉPIER , *Merops.*	418	293	
Guépier vulgaire , *Me. Apiaster.*	420	293	
— Savigny, *Me. Savigny.*			649
GENRE 40ᵉ. MARTIN-PÊCHEUR , *Alcedo.*	421	294	
Martin-pêcheur pie , *Al. Rudis.*		294	
— Alcyon, *Al. Ipsida.*	423	296	
ORDRE HUITIÈME. CHÉLIDONS , *Chélidones.*	425	297	
GENRE 41ᵉ. HIRONDELLE , *Hirundo.*	425	297	
Hirondelle de cheminée , *Hi. Rustica.*	427	297	
— rousseline , *Hi. Rufula.*		298	652
— de fenêtre , *Hi. Urbica.*	428	300	
— de rivage , *Hi. Riparia.*	429	300	
— de rocher, *Hi. Rupestris.*	430	300	
— Boissonneau , *Hi. Boissonneauti.*			652
GENRE 42ᵉ. MARTINET , *Cypselus.*	432	303	
Martinet à ventre blanc , *Cy. Alpinus.*	433	303	
— de muraille , *Cy. Murarius.*	434	303	
GENRE 43ᵉ. ENGOULEVENT, *Caprimulgus.*	435	304	
Engoulevent ordinaire, *Ca. Europœus.*	446	304	
— à collier roux , *Ca. Ruficollis.*	438	304	

	II	IV
ORDRE NEUVIÈME. PIGEONS , *Columbæ.*	441	307
Genre 44ᵉ. Pigeon , *Columba.*	442	307
Colombe ramier, *Co. Palumbus.*	444	307
— colimbin , *Co. OEnas.*	445	308
— biset , *Co. Livia.*	446	308
— voyageuse , *Co. Migratoria.*		309
— tourterelle , *Co. Turtur.*	448	312
ORDRE DIXIÈME. GALLINACÉS , *Gallinæ.*	450	313
Genre 45ᵉ. Dindon sauvage , *Meleagris Gal-lopavo.*		313
Genre 46ᵉ. Faisan , *Phasianus.*	452	314
Faisan vulgaire , *Ph. Colchicus.*	453	314
— tricolore, *Ph. Pictus.*		314
Genre 47ᵉ. Tétras , *Tetrao.*	455	317
Tétras auerhan , *Te. Urogallus.*	357	317
— rakkelhan ou hybride , *Te. Medius.*	459	318
— birkhan , *Te. Tetrix.*	460	320
— gélinotte , *Te. Bonasia.*	463	321
— rouge , *Te. Scoticus.*	465	321
— ptarmigan , *Te. Lagopus.*	468	322
— hyperboré , *Te. Islandorum.*		323
— des saules , *Te. Saliceti.*	471	327
— à doigts courts , *Te. Brachydactylus.*		328
Genre 48ᵉ. Ganga , *Pterocles.*	474	329
Ganga unibande, *Pt. Arenarius.*	476	330
— cata , *Pt. Setarius.*	478	330
Genre 49ᵉ. Perdrix , *Perdix.*	480	331
1ʳᵉ *Section. Francolins.*	482	331

		II	IV
Francolin à collier roux , *Pe. Francolinus*		482	331
2ᵉ *Section. Perdrix proprement dites.*		484	332
Perdrix bartavelle , *Pe. Saxatilis.*		484	332
— rouge , *Pe. Rubra.*		485	332
— gambra ; *Pe. Petrosa.*		487	333
— grise , *Pe. Cinerea.*		488	334
3ᵉ *Section. Cailles.*		491	334
La Caille , *Pe. Coturnix.*		491	334
4ᵉ. *Section. Colins.*			335
Colin colenicui , *Pe. Borealis.*			335
GENRE 50ᵉ. TURNIX , *Hemipodius.*		493	338
Turnix tachydrome , *He. Tachydromus.*		494	340
— à croissants , *He. Lunatus.*		495	

ORDRE ONZIÈME. ALECTORIDES , *Alectori-des.* — 497 341

		II	IV
GENRE 51ᵉ. GLARÉOLE , *Glareola.*		498	341
Glaréole à collier, *Gl. Torquata.*		500	341
— * à échasse (1), *Gl. Grallaria.*		503	
— * lacté (2), *Gl. Lactea.*		503	

ORDRE DOUZIÈME. COUREURS , *Cursores.* — 504 342

		II	IV
GENRE 52ᵉ. OUTARDE , *Otis.*		505	342
1ʳᵉ *Section.*		506	342
Outarde barbue , *Ot. Tarda.*		506	342
— canepetière , *Ot. Tetras.*		507	343

---

(1) Exotique. Habite les contrées de l'Australasie.
(2) Exotique. Habite le Bengale.

		II	IV
2° *Section.*		509	344
Outarde hubara , *Ot. Hubara.*		509	344
GENRE 53°. COURE-VITE , *Cursorius.*		511	345
Coure-vite isabelle , *Cu. Isabellinus.*		513	345
— * de Coromandel (1) , *Ca. Asiaticus.*		514	
— * à double collier (2), *Cu. Bicinctus.*		515	
ORDRE TREIZIÈME. GRALLES, *Grallatores.*		516	347
Ire *Division. Gralles à trois doigts.*		519	347
GENRE 54°. OEDICNÈME , *OEdicnemus.*		519	348
OEdicnème criard , *OE. Crepitans.*		521	348
GENRE 55°. SANDERLING , *Calidris.*		522	348
Sanderling variable , *Ca. Arenaria.*		524	348
GENRE 56°. ECHASSE , *Himantopus.*		527	350
Echasse à manteau noir, *Hi. Melanopterus.*		528	350
GENRE 57°. HUITERIER , *Hæmatopus.*		530	351
Huiterier pie , *Hæ. Ostralegus.*		531	351
— * à manteau (3), *Hæ. Palliatus.*		532	
— * noir (4), *Hæ. Niger.*		533	
GENRE 58°. PLUVIER , *Charadrius.*		533	352
Pluvier doré , *Ch. Pluvialis.*		535	352
— armé , *Ch. Spinosus.*			353
— guignard , *Ch. Morinellus.*		537	355

---

(1) Exotique. Habite l'Afrique et l'Inde.
(2) Exotique. Habite l'Afrique.
(3) Exotique. Habite l'Amérique méridionale.
(4) Habite l'Afrique méridionale.

	II	IV
Pluvier à plastron roux , *Ch. Pyrrhothorax*.		255
Grand pluvier à collier, *Ch. Hiaticula*.	539	357
Petit pluvier à collier, *Ch. Minor*.	542	357
Pluvier à collier interrompu , *Ch. Cautianus*.	544	358
IIe *Division. Gralles à quatre doigts.*	546	358
Genre 59e. Vanneau , *Vanellus*.	546	358
1re *Section.*	547	359
Vanneau pluvier, *Va. Melanogaster*.	547	359
— keptusckha , *Va. Keptusckha*.		360
2e *Section.*	550	362
Vanneau huppé , *Va. Cristatus*.	550	362
Genre 60e. Tourne-pierre , *Strepsilas*.	552	362
Tourne-pierre à collier, *St. Collaris*.	553	362
Genre 61e. Grue , *Grus*.	556	364
Grue leucogérane , *Gr. Leucogeranos*.		365
— cendrée , *Gr. Cinerea*.	557	366
— demoiselle , *Gr. Virgo*.		367
Genre 62e. Cicogne , *Ciconia*.	559	369
Cigogne Maguari, *Ci. Maguari*.	563	369
— blanche , *Ci. Alba*.	560	369
— noire , *Ci. Nigra*.	561	370
Genre 63e. Héron , *Ardea*.	564	370
1re *Section. Héron proprement dit.*	567	371
Héron cendré , *Ar. Cinerea*.	567	371
— pourpré , *Ar. purpurea*.	570	372
— aigrette , *Ar. Egretta*.	572	372
— aigrettoïde , *Ar. Egrettoïdes*.		374
— garzette, *Ar. Garzetta*.	574	376
— aigrette dorée , *Ar. Russata*.		•377

	II	IV
Héron Vérany, *Ar. Verany.*		379
2ᵉ *Section. Butor.*	577	381
Héron grand butor , *Ar. Stellaris.*	580	381
— lentigineux , *Ar. Lentiginosa.*		381
— crabier, *Ar. Ralloïdes.*	581	383
— blongios , *Ar. Minuta.*	584	383
GENRE 64ᵉ. NYCTICORAX, *Nycticorax.*		384
Bihoreau à manteau, *Ny. Ardeola.*	577	384
GENRE 65ᵉ. FLAMMANT, *Phœnicopterus.*	586	385
Flammant rose , *Ph. Antiquorum.*	587	386
GENRE 66ᵉ. AVOCETTE, *Recurvirostra.*	589	387
Avocette à nuque noire, *Re. Avocetta.*	590	387
— * isabelle (1), *Re. Americana.*	592	
— * à cou marron (1), *Re. Rubricollis.*	592	
— * orientale (1), *Re. Orientalis.*	593	
GENRE 67ᵉ. SPATULE , *Platalea.*	593	387
Spatule blanche , *Pl. Leucorodia.*	595	387
GENRE 68ᵉ. IBIS , *Ibis.*	597	389
Ibis falcinelle , *Ib. Falcinellus.*	598	389
— sacré , *Ib. Religiosa.*		390
GENRE 69ᵉ. COURLIS, *Neumenius.*	601	393
Courlis cendré , *Ne. Arquatus.*	603	393
— corlieu , *Ne. Phœopus.*	604	394
— à bec grêle , *Ne. Tenuirostris.*		394

(1) Ces trois espèces ont été décrites dans le *Manuel d'ornit.*, quoique exotiques, afin de les reconnaître , et de ne pas les confondre avec les espèces d'Europe.

		II	IV
Genre 70e. Bécasseau, *Tringa*.		606	396
Bécasseau cocorli, *Tr. Subarquata*.		609	397
— pectoral, *Tr. Pectoralis*.			397
— brunette ou variable, *Tr. Variabilis*.		612	399
— de Schinz, *Tr. Schinzii*.			401
— platyrhinque, *Tr. Platyrhincha*.		616	403
— violet, *Tr. Maritima*.		619	404
— Temmia, *Tr. Temminckii*.		622	405
— échasses, *Tr. Minuta*.		624	407
— rousset, *Tr. Rufescens*.			408
— canut ou Maubèche, *Tr. Cirenea*.		627	409
Genre 71e. Combattant, *Machetes*.		631	411
Combattant variable, *Ma. Pugnax*.		631	411
Genre 72e. Chevalier, *Totanus*.		635	412
1re Section. *Chevaliers proprement dits*.		637	412
Chevalier semi-palmé, *To. Semipalmata*.		637	412
— arlequin, *To. Fuscus*.		639	413
— gambette, *To. Calidris*.		643	413
— stagnatile, *To. Stagnatilis*.		647	414
— à longue queue, *To. Bartramia*.		650	415
— cul-blanc, *To. Ochropus*.		651	415
— Sylvain, *To. Glareola*.		654	416
— perlé, *To. Macularia*.		656	417
— guignette, *To. Hypoleucos*.		657	419
2e Section. *Chevalier à bec retroussé*.		658	420
Chevalier aboyeur, *To. Glottis*.		659	420
Genre 73e. Barge, *Limosa*.		662	420
Barge à nuque noire, *Li. Melanura*.		664	421
— de Meyer, *Li. Meyeri*.			422

	II	IV
Barge rousse , *Li. Rufa.*	668	424
— Terek, *Li. Terek.*		426
GENRE 74ᵉ. BÉCASSE , *Scopolax.*	672	428
1ʳᵉ *Section. Bécasse proprement dite.*	673	429
Bécasse ordinaire , *Sc. Rusticola.*	673	429
2ᵉ *Section. Bécassine.*	675	430
Bécassine double , *Sc. Major.*	675	430
— sabine , *Sa. Sabinii.*		432
— ordinaire , *Sc. Gallinago.*	676	433
— erratique , *Sc. Peregrina.*		435
— sourde , *Sc. Gallinula.*	678	436
3ᵉ *Section. Bécassine chevalier.*	679	437
Bécassine ponctuée , *Sc. Grisea.*	679	437
GENRE 75ᵉ. RALE , *Rallus.*	682	438
Rale d'eau vulgaire , *Ra. Aquaticus.*	683	438
GENRE 76ᵉ. POULE D'EAU , *Gallinula.*	685	439
1ʳᵉ *Section.*	686	439
Poule-d'eau de genet , *Ga. Crex.*	686	439
— marouette , *Ga. Porzana.*	688	440
— poussin , *Ga. Pusilla.*	690	440
— Baillon , *Ga. Baillonii.*	692	440
2ᵉ *Section.*	693	441
Poule d'eau ordinaire , *Ga. Chloropus.*	693	441
GENRE 77ᵉ. TALÈVE , *Porphyrio.*	696	422
Talève porphyrion , *Po. Hyacinthinus.*	698	422
— à manteau vert (1) , *Po. Smaragothus.*	700	
— à manteau noir (1) , *Po. Melanotus.*	701	

(1) Afin d'éviter toute espèce de méprise, et pour qu'on ne confonde

ORDRE QUATORZIÈME. PINNATIPÈDES ,
  Pinnatipedes.   703 444
GENRE 78ᵉ. FOUAQUE , *Fulica.*   705 444
  Foulque macroule , *Fu. Atra.*   706 444
GENRE 79ᵉ. PHALAROPE , *Phalaropus.*   708 445
  1ʳᵉ *Section.*   709 445
    Phalarope hyperboré , *Ph. Hyperboreus.*   709 445
  2ᵉ *Section.*   712 446
    Phalarope platyrhinque , *Ph. Platyrhin-
    chus.*   712 446
GENRE 80ᵉ. GRÊBES , *Podiceps.*   716 488
  Grêbe huppé , *Po. Cristatus.*   717 448
   — jou-gris , *Po. Rubricollis.*   720 448
   — arctique , *Po. Arcticus.*   449
   — cornu ou esclavon , *Po. Cornutus.*   721 450
   — oreillard , *Po. Auritus.*   725 451
   — castagneux , *Po. Minor.*   727 452

ORDRE QUINZIÈME. PALMIPÈDES , *Pal-
mipedes.*   730 453
GENRE 81ᵉ. HIRONDELLE DE MER , *Sterna.*   731 453
  Hirondelle de mer tschegrava , *St. Caspia.* 733 454
   — Caugek , *St. Cantiaca.*   735 454

---

plus notre Talève d'Europe avec les espèces exotiques , M. Temminck a
décrit ces deux Talèves dans le *Man. d'orn.*, quoiqu'ils n'appartiennent
pas à l'Europe.

	II	IV
Hirondelle voyageuse, *St. Affinis.*	735	454
— Dougall , *St. Dougalli.*	738	457
— Pierre Garin , *St. Hirundo.*	740	458
— arctique , *St. Arctica.*	742	458
— hansel , *St. Anglica.*	744	460
— noddy, *St. Stolida.*		461
— moustac , *St. Leucopareia.*	746	463
— leucoptère , *St. Leucoptera.*	747	463
— épouvantail , *St. Nigra.*	749	464
Petite hirondelle de mer, *St. Minuta.*	752	464
GENRE 82e. MOUETTE , *Larus.*	754	465
Goeland burgermeister, *La. Glaucus.*	757	467
— à manteau bleu , *La. Argentatus.*	764	470
— à manteau noir, *La. Marinus.*	760	471
— à pieds jaunes, *La. Flavipes.*	767	471
— leucoptère, *La. Leucopterus.*		467
— ichthyaète , *La. Ichthyaetus.*		472
— blanche ou sénateur, *La. Eburneus.*	769	474
— Audouin , *La. Audouini.*		475
— à pieds bleus, *La. Canus.*	771	477
— tridactyle , *La. Tridactylus.*	774	478
— à bec grêle , *La. Tenuirostris.*		478
— à capuchon noir, *La. Melanocephalus.*	777	480
— * à capuchon plombé (1), *La. Atricilla.*	779	483
— rieuse, à capuchon brun , *La. Ridibundus.*	780	485

---

(1) Figurée sous le nom de Mouette rieuse.

	II	IV
* Mouette à masque brun (1), *La. Capistratus.*	785	485
— à iris blanc, *La. Leucophthalmus.*		486
— de Sabine, *La. Sabinei.*		488
— pygmée, *La. Minutus.*	787	490
GENRE 83e. STERCORAIRE, *Lestris.*	790	491
Stercoraire cataracte, *Le. Cataractes.*	792	494
— * pomarin (2), *Le. Pomarina.*	793	495
— Richardson, *Le. Richardsonii.*		499
— parasite ou labbe, *Le. Parasitica.*	796	501
GENRE 84e. PÉTREL, *Procellaria.*	800	504
Pétrel fulmar, *Pr. Glacialis.*	802	505
GENRE 85e. PUFFIN, *Puffinus.*	804	506
Pétrel cendré ou Puffin, *Pu. Cinereus.*	805	506
— majeur ou arctique, *Pu. Major.*		507
— manks, *Pu. Anglorum.*	806	509
— obscur, *Pu. Obscura.*	808	510
GENRE 86e. THALASSIDROME, *Thalassidroma.*	809	511
Petrel de Leach, *Th. Leachii.*	812	512
— * de Wilson (3), *Th. Wilsonii.*		512
— tempête, *Th. Pelagica.*	810	514
GENRE 87e. OIE, *Anser.*	816	516

---

(1) Le plumage divers de cette nouvelle espèce étant absolument le même que celui de la Mouette rieuse, on s'est abstenu de la figurer.

(2) Non figuré, quoique décrit dans le *Man. d'ornit.*, parce qu'il habite les bancs de Terre-Neuve, et qu'il ne paraît qu'accidentellement sur nos côtes.

(3) Cette espèce est exotique, habite toute l'Amérique jusqu'au cap Horn, etc. (Voir *Man. d'ornit.*, p. 154, 4e partie.)

	II	IV
Oie hyperborée ou de neige, *An. Hyperboreus.*	816	516
— cendrée ou première, *An. Ferus.*	818	517
— vulgaire ou sauvage, *An. Segetum.*	820	517
— rieuse ou à front blanc, *An. Albifrons.*	821	518
— bernache, *An. Leucopsis.*	823	520
— à bec court, *An. Brachyrhynchus.*	823	520
— cravant, *An. Bernicla.*	824	522
— à cou roux, *An. Ruficollis.*	826	522
— égyptienne, *An. Ægyptiacus.*		523
GENRE 88ᵉ. GYGNE, *Cycnus.*	828	526
Cygne à bec jaune ou sauvage, *Cy. Musicus.*	828	526
— de Bewick, *Cy. Bewickii.*		527
— tuberculé ou domestique, *Cy. Olor.*	830	529
GENRE 89ᵉ. CANARD, *Anas.*	831	529
Canard kasarka, *An. Rutila.*	832	531
— tadorne, *An. Tadorna.*	833	531
— sauvage, *An. Boschas.*	835	531
— chipeau ou ridenne, *An. Strepera.*	837	532
— à longue queue ou pilet, *An. Acuta.*	838	532
— siffleur, *An. Penelope.*	840	533
— glousseur, *An. Glocitans.*		533
— sponsa, *An. Sponsa.*		536
— sarcelle d'été, *An. Querquedula.*	844	539
— sarcelle d'hiver, *An. Crecca.*	846	539
— souchet, *An. Clypeata.*	842	540
— eider, *An. Mollissima.*	848	541
— à tête grise, *An. Spectabilis.*	851	541
— marchand, *An. Perspicillata.*	853	542

26 **TABLES DE L'ATLAS**

	II	IV
Canard double macreuse, *An. Fusca.*	854	543
— macreuse, *An. Nigra.*	856	543
— siffleur huppé, *An. Rufina.*	864	544
— marbré, *An. Marmorata.*		544
— milouinan, *An. Marila.*	865	545
— milouin, *An. Ferina.*	868	546
— à iris blanc ou Nyroca, *An. Leucoph-thalmos.*	876	546
— morillon, *An. Fuligula.*	873	547
— de Steller, *An. Dispar.*		547
— à collier ou histrion, *An. Histrionica.*	878	549
— garrot, *An. Clangula.*	870	550
— de Barrow, *An. Barrowii.*		551
— de Miclon, *An. Glacialis.*	860	553
— couronné, *An. Leucocephala.*	859	554
GENRE 90e. HARLE, *Mergus.*	880	556
Grand harle, *Me. Merganser.*	881	556
Harle huppé, *Me. Serrator.*	884	556
— couronné, *Me. Cucullatus.*		557
— piette, *Me. Albellus.*	847	559
GENRE 91e. PÉLICAN, *Pelecanus.*	889	560
Pélican blanc, *Pe. Onocrotalus.*	891	560
— frisé, *Pe. Crispus.*		561
GENRE 92e. CORMORAN, *Carbo.*	893	563
Grand cormoran, *Ca. Cormoranus.*	894	563
Cormoran nigaud, *Graculus.*	897	565
— largup, *Ca. Cristatus.*	900	565
— pygmée, *Ca. Pygmæus.*	901	568
GENRE 93e. FOU, *Sula.*	904	569

	II	IV
Fou blanc ou de Bassan , *Su. Bassana.*	905	569
GENRE 94°. PLONGEON , *Colymbus.*	908	571
Plongeon imbrin, *Co. Glacialis.*	910	571
— lumme ou à gorge noire , *Co. Arcticus.*	913	571
— cat-marin ou à gorge rouge , *Co. Septentrionalis.*	916	572
GENRE 95°. GUILLEMOT, *Uria.*	919	573
1re *Section.*	921	573
Guillemot à capuchon , *Ur. Troile.*	921	573
— à gros bec', *Ur. Brunnichii.*	924	576
— à miroir blanc, *Ur. Grilles.*	925	577
2e *Section.*	928	578
Guillemot nain , *Ur. Alle.*	928	578
GENRE 96°. MACAREUX , *Mormon.*	931	979
Macareux glacial , *Mo. Glacialis.*		579
— moine , *Mo. Fratercula.*	933	580
GENRE 97°. PINGOUIN , *Alca.*	935	581
Pingouin macroptère , *Al. Corda.*	936	581
— brachyptère , *Al. Impennis.*	939	582

FIN DES TABLES.

Vautour oricou.   (Vultur Auricularis, Daud.)

Werner del.   ⅛ de nat   lith. d. Langlumé.

Vautour arrian. (Vultur cinereus. Linn)

Vautour Griffon (Vultur fulvus Linn.)

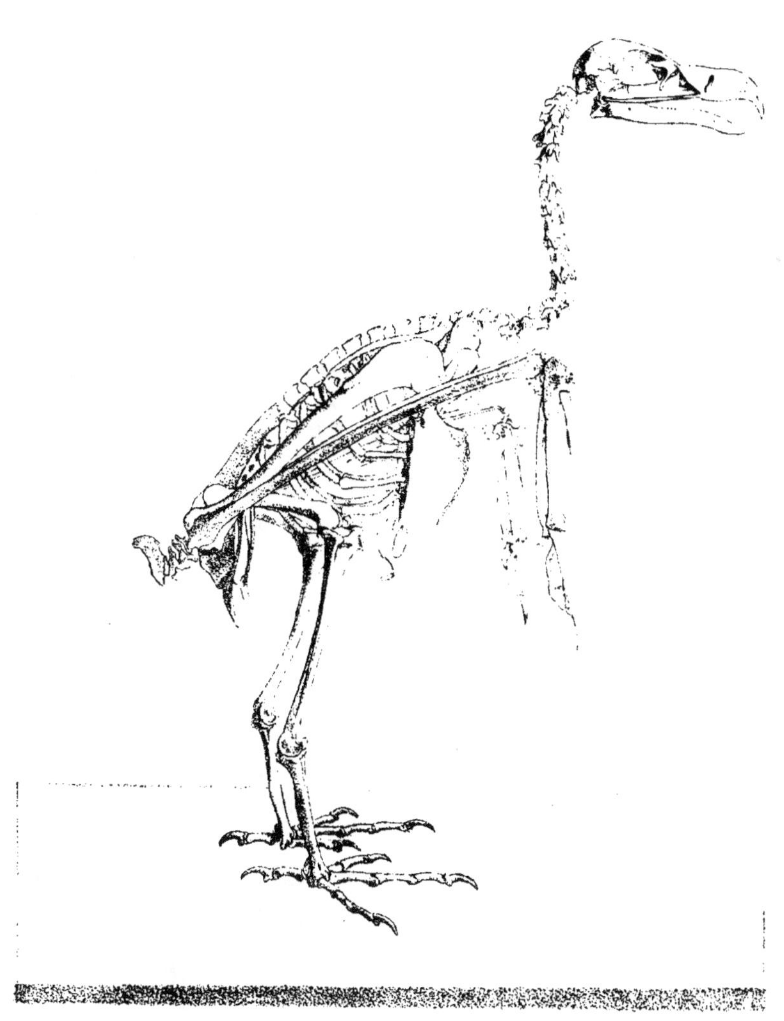

Squelette de l'autour gaffier (Daletum l'ultimo gater)

Vautour chassefiente (Vultur ...)

Catharte alimoche (Cathartes percnopterus fem.)

Werner del.

1/4 de nature.

Lith. de I. Belin.

Catharte Alimoche, jeune (Cathartes percnopterus. Tem.)

Werner del.   ⅑ de nat.   Imp. de Langlumé

Gypaète barbu. (Gypaetus barbatus. Cuv.)

Gypaète barbu jeune (Gypaetus barbatus Cuv.)

Werner del.   ¼ de nat.   Lith de Sanglumé.

Faucon Gerfaut.   Falco islandicus Lath.

Faucon Lanier mâle (Falco Lanarius, Linn.)

Faucon Lanier fem. (Falco Lanarius Linn.)

Werner del.   ⅓ de nat.   Lith. de Langlumé.

Faucon pèlerin. (Falco peregrinus. Linn.)

Werner del.   J. de ...   lith. de ...

Faucon Hobereau. Falco subbuteo. Latr.

Faucon Émerillon   (Falco aesalon, Linn.)

Faucon cresserelle. (Falco tinnunculus. _ Linn.)

Wiener del.   2.5 de nat.   Lith. de Langlumé

Faucon cresserelle. Falco tinnunculus, Natter.

Werner. del.　　　2/5e de nature　　　Lith. de A. Belin.

Faucon crécerellette femelle (Tinnunculoides Natter...)

Werner del.   ⅔ de nat.   Lith. de Langlumé.

Faucon à pieds rouges ou Kobez. (Falco rufipes. Bechst.)

Faucon de neige.   Falco ...

Faucon Gerrmon pin (Aide... francia Geni)

Werner del.   ⅓ de nat.   Lith de Langlumé

Aigle impérial (Falco Imperialis. Temm.)

Werner del.   ⅛ de nat   Lith. de Langlumé

Aigle royal (Falco Fulvus. Linn.)

Werner del.t　　　1 5 de nat.　　　Lith. de A. Belin.

Aigle Bonelli, vieux mâle (Falco Bonelli. Temm)

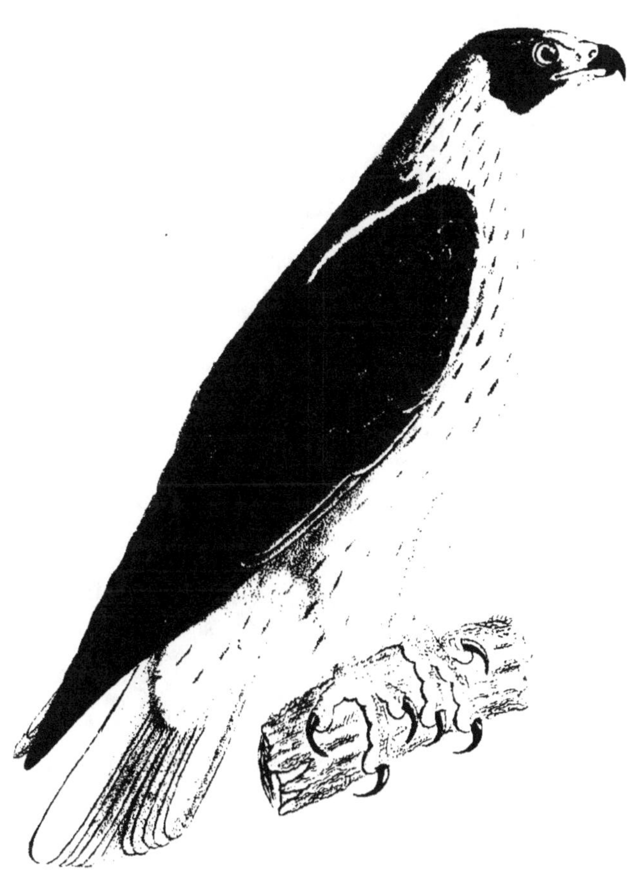

Werner del.   au nat.   Lith. de Lasalune

Aigle botté. (Falco pennatus. Linné.)

Aigle Jean le blanc. (Falco Brachydactylus. Wolf)

Werner del.   ⅓ de nat   Lith de Langlumé.

Aigle Balbuzard. (Falco haliaetus. Linn.)

Werner del.   ⁴⁄₁₀ de nat.   Lith. de Langlumé.

Aigle Pygargue. (Falco Albicilla. Lath.)

Werner del.   Vve de Langlumé.

Aigle à tête blanche (Falco leucocephalus, Linn.)

L'Autour   Falco Palumbarius Linn.

Épervier

Milan Royal.

Ordre I.   Rapaces.
Aigle noir ou parasite. Aila des tours

Werner del.ᵗ   1⁄3 de nat.   Lith. de A. Belin.

Élanion Blac, livrée parfaite (Falco melanopterus. Lath.)

Élanion blac, 2.e Année. (Falco melanopterus. Lith.)

Werner del.
Lith. de Langlumé
Buse.   (Falco buteo Linn.)

Werner del.   i. de nat   Imp. de Langlumé.

Buse pattue. (Falco Lagopus Linn.)

Werner del.

Buse Bondrée   Falco apivorus   Rapaces

Werner del.   ⅓ du nat.   Lith. ...

Busard Harpaye ou de Marais. *Falco Rufus. L.*

Werner del.   ⅓ de nat.   Lith. de Langlumé.

Busard S.ᵗ Martin. (Falco cyaneus. Montagu)

Busard Montagu. (Falco cineraceus. Mont.)

Busard Blafard. *Falco cineraceus*

Werner del.   d'ap. nat.   Lith. de Langlumé.

Chouette Lapone.   Strix lapponica Retz.

Chouette Harfang. (*Strix nyctea* Linn.)

Chouette de l'Oural. (Strix uralensis. Pallas)

Chouette Caparacoch — _Strix funerea_

Werner del.

Chouette nébuleuse. (Strix nebulosa.)

Chouette hulotte. (Strix Aluco Meyer.)

Werner del.   ⅓ de nat.   Lith. de Langlumé

Chouette effraie (Strix flammea Linn.)

Chouette Chevêche. (Strix Passerina Auctorum.)

Chouette Tengmalm. (Strix tengmalmi linn.)

Chouette Chevêchette. (Strix acadica. Linn.)

Hibou brachiôte. (Strix brachyotos. Lath.)

Werner del.t
1/4
Milvn. Carcolusfn.sitan. Ceudaphus. Sinsg.

Werner del.
⅓ de nat.
lith. de l'esplume
Hibou Grand-Duc. (Strix bubo. Linn.

Hibou moyen Duc (Strix otus. Linn.)

Hibou Scops. (Strix Scops. Linn.)

Corbeau noir (Corvus Corax. Linn)

Werner del.   1/4 de nat.   Lith. de A. Bein.

Corbeau Leucophée (Corvus leucophœus, Vieill.)

presque ⅔ de nat.

Corneille noire (Corvus Corone Linn.)

Corneille mantelée (Corvus Cornix Linn.)

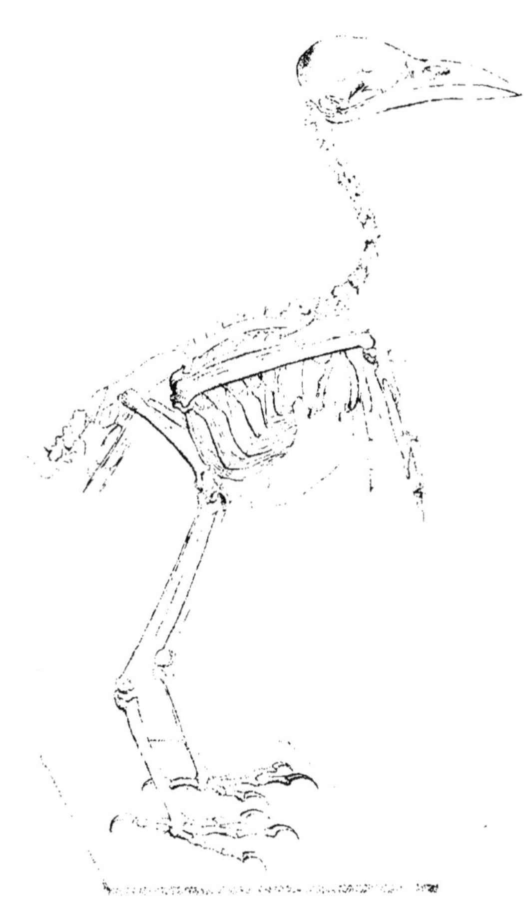

Werner del.

lith. de Langlumé

Squelette de la Corneille mantelée (Corvus Cornix L.)

Freux. (Corvus Frugilegus Linn.)

Choucas. (Corvus monedula. Linn.)

Supp.t 1.er vol.
Pl. 2.
Omnivores

...erner del.t
Lith. de A. Bichon

[illegible handwritten caption]

Perret del.   ⅓ de nat.   Lith. de Langlumé

Pie. (Corvus Pica. Linn.)

Werner del.ᵗ   1/2 de nat.   Lith. de A. Belin.

Pie Turdoïde, mâle (Garrulus Cyanus, Pall.)

Geai　(Corvus Glandarius. (Linn.)

Geai imitateur. (Corvus infaustus. Lath.)

Werner del.   ⅓ de nat.   Lith. de Langlumé.

Casse - noix.   (Nucifraga caryocatactes Briss.)

Werner del
G. del nat
Imh. de Langlumé.
Pyrrhocorax Choquard. Pyrrhocorax Pyrrhocorax (L.)

Werner del.   ½ de nat.   Lith. de Langlumé

Pyrrhocorax coracias. (*Pyrrhocorax Graculus Tem.*)

Grand-Jaseur.   (Bombycivora garrula. Temm.)

Werner del. 3 de nat. Lith. de Langlumé

Rollier vulgaire. (*Coracias garrula.* Linn.)

Werner del.
Lith. de mot.
Imp. de Langlumé
Loriot. (Oriolus Galbula Linn.)

L'Étourneau ordinaire (Sturnus vulgaris)

Martin roselin (Pastor roseus. Linn.)

Werner del.   1/2 nature   Lith. de A. Belin.

Martin roselin, jeune de l'année (Pastor roseus Tem.)

Werner del.

Pie-grièche grise. (Lanius excubitor Linn.)

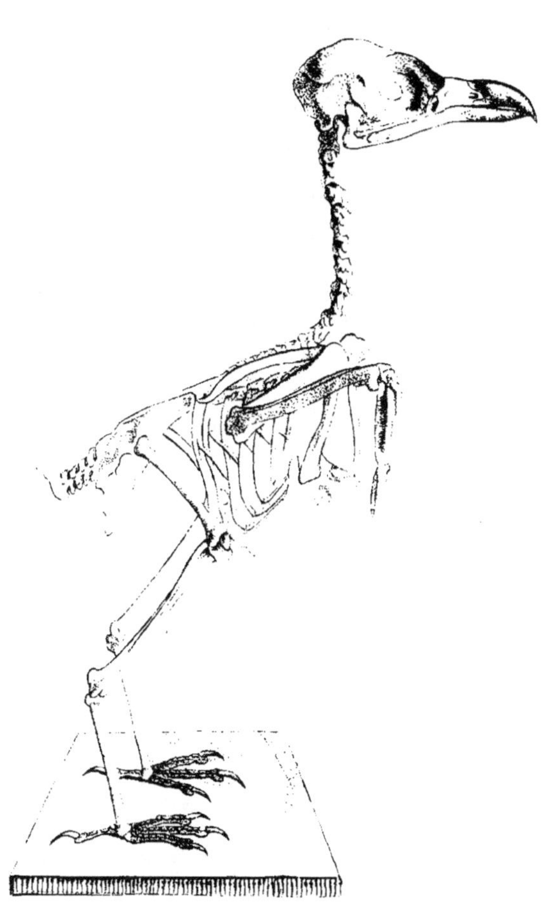

Squelette de Pie grièche grise. (Lanius excubitor Linn.)

Pie-grièche méridionale. (*Lanius meridionalis* Tem.)

Pie-grièche à poitrine rose (Lanius minor Linn.)

Pie grièche à capuchon. (Lanius cucullatus. Tem.)

La pie grièche rousse. (Lanius rufus, Briss.)

Pie grièche écorcheur. (Lanius collurio. Briss.)

Gobe-mouche gris. (Muscicapa grisola Linn.

Gobe-mouche à collier. (*Muscicapa albicollis, Tem.*)

Gobe-mouche Bec-Figue. (Muscicapa luctuosa Tem.)

Gobe-mouche rougeâtre (Muscicapa parva Bechst.)

Merle varié ou de White. (Turdus varius ou White's Thrush)

Merlé Draine. _Turdus viscivorus_

Merle litorne.   (Turdus pilaris. Linn.)

Werner del.   ⅜ de nat.   Lith de Langlume.

Merle grive. (*Turdus musicus. Linn.*)

Merlé mauvis. (Turdus iliacus. Linn.

Merle à Plastron. (Turdus Torquatus. Linn.)

Merle noir. (*Turdus merula* Linné.)

Werner del.t   1/2 de nat.   Lith. de A. Belin.

Merle Érratique vieux mâle (Turdus Migratorius, Linné)

Werner del.   Je vet   imit. te Langlumé

Merle à gorge noire (Turdus atrogularis Tem.)

Merle Naumann. Turdus Naumann

Werner del.   Lith. de Becquet

Merle à sourcils blancs, *Turdus sibiricus*, Pall.

Merle de Roche. (*Turdus Saxatilis.* Lath.)

Werner del.   lith. de Lemercier

Merle bleu (Turdus Cyanus Gmel.)

Insectivores

Cincle plongeur (Cinclus aquaticus. Bechst.)

Cincle à ventre noir (Cinclus melanogaster)

Werner del.   ½ de nat.   Lith. de A. Belin.

Cincle de Pallas (Cinclus Pallasii, Mehi)

Ordre. Passereaux.
Werner del.
lith. de Langlumé
Bec-fin Rousserolle. Sylvia turdoides. Meyer.

Bec-fin des oliviers (*Sylvia olivetorum* Strickl.)

Bec-fin riverain.   (Sylvia fluviatilis Meyer.)

Werner del.   grand. nat.

Bec-fin locustelle   (Sylvia locustella. luct)

Werner del.   grand. nat.   Lith. de Langlumé.

Le Bec-fin Grapu. (Sylvia Certhiola. Temm.)

Bec-fin aquatique. (Sylvia aquatica. Lath.)

Werner del.

Bec-fin Phragmite. Sylvia Phragmitis Illiger.

Werner del.   Pérgée imp.   Imp. de Langlumé

Bec fin des roseaux ou rousserolle. (*Sylvia arundinacea Lath.*)

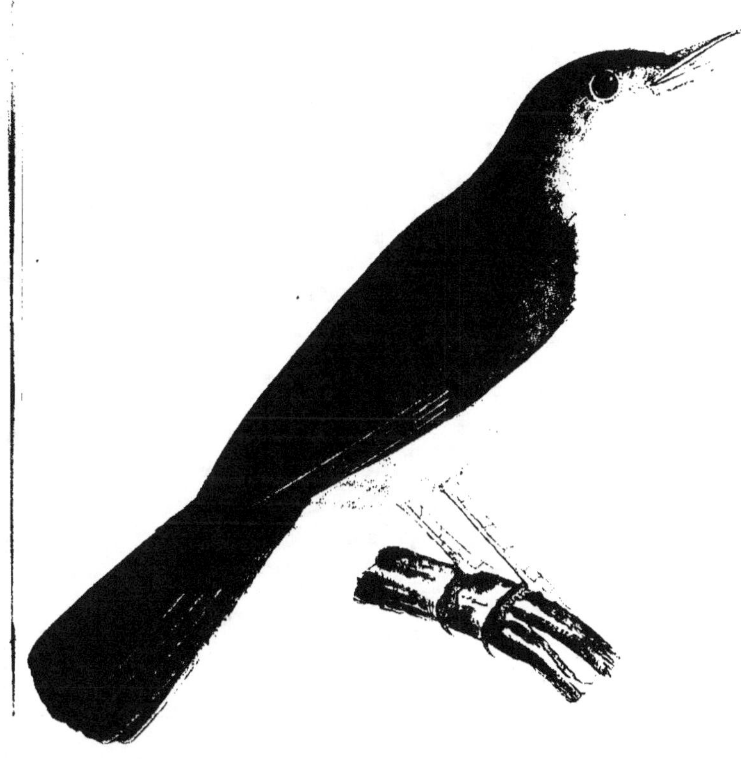

Bec-fin Verderolle   (Sylvia palustris Insectivores)

Ordre 3.   Insectivores.
Bec-fin Bonelli   (Sylvia Bonelli, Tem.)

Gr. Nat.

Werner del

lith. de Fauquemés

Bec-fin des Saules ; Sylvia luscinioides, Savi

Insectivores   Ordre 3.^e

3/4

Werner del.   Lith. A. Belin.

Bec fin à moustaches noires   Sylvia melanopogon Tem.

Bec-fin Cisticole.   (Sylvia Cisticola fem.)

Bec-fin lancéolé. (Sylvia lanceolata Tem.)

Bec-fin Rossignol. (*Sylvia luscinia*)

Werner del

Bec-Fin Philomèle   (Sylvia Philomela. Bechst.)

Werner del.

Bec - fin Soyeux .   (Sylvia sericea Natter.)

Bec-fin Cisticole. (Sylvia Cisticolens)

Passer-fin Céphalée fem. (Sylvia Cephica. Tem.)

Bec-fin rayé.   (Sylvia nisoria. Bechst.)

Bec-fin rubigineux.   (Sylvia galactotes Temm.)

Insectivores   Ordre 3.

2/3

Werner del.   Lith. J. Belin

Bec fin de Rüppel mâle (Sylvia Rüppelli Tem.)

Bec-fin à tête noire. (Sylvia atricapilla, L.)

Bec-fin à tête noire fem. (Sylvia atricapilla Lath.)

Werner del.   2.1⁄2 de nat.   Lith. de Langlumé

Bec-fin Mélanocéphale   (Sylvia mélanocephala. lath.)

Bec-fin Sarde .   (Sylvia Sarda Marmora.)

Ordre 3. Insectivores

Bec-fin Fauvette. (Sylvia Hortensis. Bechst.)

Bec-fin Grisette. (Sylvia cinerea. Lath.)

Werner del.   grand nat.   imp. de Langlumé.

Bec-fin Babillard.   Sylvia curruca. Lath.

Bec-fin à lunettes. *Sylvia conspicillata.* Marm.

Werner del.

Bec-fin Pitte-chou.   (Sylvia Provincialis Gmel)

Bec-fin Passerinette. (*Sylvia Passerina* Lath)

Bec-fin Subalpin.   (Sylvia Subalpina. Bonnelli)

Bec-fin Rouge-gorge.   (Sylvia rubecula. Lath.)

Werner del.   pin nat. del   Im. de ...

Bec-fin gorge-bleue.   Sylvia lithis. Scopoli.

Bec-fin rouge queue.   (Sylvia succica Lath.)

Bec-fin de Muraille   (Sylvia Phœnicurus. Lath.)

Werner del.   *g. naturelle.*   *Lith. A. Belin.*

Bec-fin de muraille fem. (*Sylvia phœnicurus* Lath.)

Werner del.
Bec-fin à poitrine jaune.   (Sylvia Hippolais, Lath.)

Bec-fin siffleur.   (Sylvia sibilatrix. Bechst.

Werner del.   grand nat.   Lith. de Langlumé.

Bec fin Pouillot   (Sylvia Trochilus Lath.)

Bec-fin Pouillot (Sylvia Trochilus Lath)

Nota: notre première figure est l'Etourneau de Comparaison.

Bec-fin rubicole.   (Sylvia Rubecola Lath.)

Werner del.
Bec-fin Natterer.   (Sylvia Nattereri Temm.)

Ordre 2e
Passereaux
Roitelet ordinaire
Sylvia Regulus Lath.

Werner del.   pinx. del.   Lith. de Langlumé

Roitelet triple bandeau (Sylvia ignicapilla Brehm.)

Werner del.   C.th nat.   Lith. de Lemercier

Roitelet modeste (Regulus modestus Gould)

Werner del
Troglodyte ordinaire.   Sylvia Troglodytes Lath.

Werner del.   ½ de nat.   Imp. de Langlois

Traquet rieur.   (Saxicola cachinnans Tem.)

Traquet motteux.   (Saxicola œnanthe.)

Werner del.t   ae nature.   Lith. A. Belin.

Craquet Stapazin, femelle (Saxicola Stapazina Cuv.)

Traquet Stapazin mâle, après la mue.

(Saxicola Stapazina. Tem.)

Traquet oreillard.   (Saxicola aurita Tem.)

Traquet Œillard, femelle (Saxicola aurita, Tem.)

Werner del.   ⅓ P. de nature.   Lith. A. Belin.

Traquet Oreillard, jeun. de l'année (Saxicola aurita. Temm.)

Werner, del.t   g.r naturelle.   lith. de J. Belin.

Traquet oreillard, mâle, après la mue.

(Saxicola aurita Tem.

Werner del.   Formé par   Imp. de ......

Craquet leucomèle.   (Barnarda leucomela Less.)

Ordre 3   Insectivores

Werner del   presq nat   Lith de Lanacive

Traquet Pâtre.   (Saxicola Rubicola. Bechst.)

Werner del.   ²/₃ de nat.   Lith. de Langlumé.

Accenteur Pégot ou des Alpes.   (*Accentor Alpinus. Bechst.*)

Werner del.   grand. naturelle.   lith. de A. Belin.

Accenteur calliope, vieux mâle. (Accentor calliope. Tem.)

Accenteur mouchet.   (*Accentor modularis. Cuv.*)

Accenteur montagnard. (*Accentor montanellus* Cuv.)

Werner del.   ⅔ de nat.   Lith. de Langlumé

Bergeronnette lugubre. (*Motacilla lugubris* Pallas.)

Bergeronnette grise.   (Motacilla alba Linn.)

Bergeronnette jaune.   Motacilla Boarula Linn.

Werner del.   Gr. de nat.   Lith. de Langlumé

Bergeronnette citrine. (*Motacilla citreola* Pall.)

Bergeronnette printannière. (*Motacilla flava* Linn.)

3/4

Bergeronnette flavéole.

Pipit Richard.   (*Anthus Richardi. Vieill.*)

Pipit spioncelle.   (Anthus aquaticus, Bechst.)

Werner del.   2/3   Imp. Lemercier Benard et Cie.

Pipit Obscur ou Maritime,
Anthus obscurus Tem.

Pipit Rousseline.   (Anthus rufescens Tem.)

Pipit Farlouse.   (Anthus Pratensis. Bechst.)

Werner del.   presque g.r naturelle.   Lith. de A. Belin

Pipit à gorge rousse. (Anthus rufogularis Br.)

Werner del.   Fresque nat.   Lith. de Lacaume

Pipit des buissons.   (*Anthus arboreus, Bechst.*)

Alouette Dupont (Alauda Duponti, vieillot.)

Allouette à hausse-col noir. (Alauda alpestris Linn.)

Werner del.   lith. de A. Belin.

Alouette Kolly (Alauda Kollyi, Temm.)

Alouette des Champs.   (Alauda arvensis Linn.)

Squelette de l'Alouette des champs. (Alauda arvensis Linn.)

Alouette lulu.   (Alauda Arborea. Linn.)

Alouette cochevis   (Alauda cristata. Linn.)

Alouette à doigts courts ou Calandrelle
(*Alauda brachidactyla. Tem.*)

Alouette isabelline (*Alauda isabellina*, …)

Werner del.   ⅔ de nat.   Imp. de Langlumé

Alouette calandre.   (Alauda calandra. Linn.)

Alouette négre.   (Alauda Tatarica. Pall.)

Werner del.   + 3 de nat.   Lith. de Langlumé

Mésange charbonnière.   (Parus major Linn.)

Mésange petite charbonnière (Parus ater Linn.)

Mésange bleue.   (Parus coeruleus, Linn.)

Mésange bicolore mâle (Parus bicolor Linn.)

Mésange huppée.   (Parus cristatus, Linn.)

Mésange nonnette. (Parus palustris Linn.)

Werner del.
Mésange lugubre   (Parus lugubris. Natt.)

Werner del.   presque nat

Mésange à ceinture blanche *Parus Gubiricus* Gmel.

Mésange azurée   (Parus cyanus)

Mésange à longue queue.   Parus caudatus. Linné.

Mésange moustache.   (Parus biarmicus. Linn.)

Mésange rémiz   (Parus pendulinus Lin.)

Werner del   2.º de nat   lith. de Langlumé

Bruant crocote (Emberiza mélanocephala Scopoli)

Werner, del.   ⅔ de nature.   lith. A. Bolin.

Bruant Crocote femelle ♀ Emberiza Melanocephala. Scop.

Werner del.   Ps de nat.   Lith. de Langlumé

Bruant jaune   (Emberiza citrinella Linn.)

Bruant proyer.   (Emberiza miliaria. Linn.)

Bruant de roseau.   (Emberiza Schœniclus. Linn.)

Werner del.   5/6e de nat.re   Lith. de A. Belin.

Bruant de marais (Emberiza palustris) Savi.

Werner del.   ¾ de nat.

Bruant à couronne lactée. (Emberiza Pithyornus Pall.)

Werner del.   grand nat.   lith. de Langlumé

Bruant ortolan.   (Emberiza Hortulana. Linn.)

Werner, del.   g.º naturelle.   Lith. de A. Belin.

Bruant cendrillard. (Emberiza caesia, Cretsschm.)

Werner del.   +5   Lith. d. Bourenvre

Bruant strié (Emberiza Strichta Knipp.)

Werner del.   grand. nat.   Imp. de Langlumé.

Bruant zizi, ou de haie.   (Emberiza cirlus. Linn.)

Bruant fou ou de pré.   (Emberiza cia. Linn.)

Werner del.   presque grᵣ naturelle.   Lith. A. Bélin.

Bruant auréole, vieux mâle, plumage parfait.
(Emberiza aureola Pall.)

Ordre 4.   Granivores.

23

Werner del.   Lith. de A. Bolm.

Bruant Auréole, vieux mâle presque en plumage parfait.
(Emberiza Aureola, Pall.)

Werner, del.   ⅓ de nature.   Imp. de J. Belin.

Bruant jacobin. (Emberiza hyemalis Licht.)

Bruant Mitilène.   (Emberiza Lesbia. Cinel.)

Werner del. grand.r nat.le Lith. de A. Belin.

Bruant Gavoué (Emberiza provincialis. Linn.)

Werner del.   6,7 de nat.   Lith. de Langlumé

Bruant de neige (en automne)   (Emberiza nivalis Linn.

Werner del.   Bocourt sc.
Bruant. Montain. (Emberiza lapponica Gm.)

Werner del.   2/3 de nat.   lith de Jacquemart

Bec-croisé perroquet ou des sapins. femelle.
(*Loxia pytiopsittacus* Bechst.)

Bec-croisé commun ou des pins. (Loxia curvirostra Linn.)

Werner del.   3/4 de nature.   Lith. de A. Belin

Bec-croisé Leucoptère vieux mâle.
(Loxia Leucoptera, Gmel)

Bouvreuil dur-bec.   (*Pyrrhula enucleator Tem.*)

Bouvreuil Pallas   (Pyrrhula rosea. Tem.)

Verner del.   grand nat.   Lith. de Lacquanné

Bouvreuil cramoisi.   (Pyrrhula erythrina Tem.)

Werner del.   presq. nat.   Lith. de Langlumé.

Bouvreuil commun.   (Pyrrhula vulgaris. Briss.)

Grand. nat.

Werner del.   Lith. de A. Belin

Bourreau Gethagène mâle. (Pyrrhula gethagena Lin.)

Bouvreuil Githagine fem. (Pyrrhula githaginea, Lem.)

Werner del   presque nat.   lith. de Langlumé

Bouvreuil à longue queue. (en hiver). (*Pyrrhula longicauda* Tem.)

Gros-bec.   (Fringilla coccothraustes fem.)

Lith. de Langlumé

Gros-bec verdier.

Werner del.   grand.ʳ nat.ˡᵉ   lith. de A. Belin.

Gros-bec Incertain femelle (*Fringilla incerta* fœm.)

Werner del   2/6 de nat.   lith. de Langlumé

Gros-bec soulcie.   (Fringilla petronia Linn.)

Gros-bec moineau

Werner del.   Imp. Lith. .....   Lith. de Langlumé.

Gros-bec cisalpin.   (Fringilla cisalpina Tem.)

Gros-bec espagnol. Fringilla espaniolensis.

Gros-bec Friquet.   (Fringilla montana Linn.)

Werner del.   + 5   Lith. de Tourgonna

Gros-bec Islandais (Fringilla Islandica Fab.)

Gros-bec Serin ou Cini. Fringilla Serinus Linn.

Ordre 1
Granivores
Gros-bec Pinson.
(Fringilla Calebs. Linn.)

Ordre 4.
Gros-bec d'ardennes.

Werner del.   ...   Lith. de Langlumé

Gros-bec Niverolle.   (Fringilla nivalis. Linn.)

Werner del.   grand. nat.   Imp. de Langlumé

Gros-bec Linotte.   (Fringilla cannabina Linn.)

Heaner del.   grand. nat.   lith. de Langlumé

Gros-bec à gorge rousse ou des montagnes.
(Fringilla montium Gmel.)

Gros-bec Venturon. (Fringilla citrinella. Linn.)

Gros bec Tarin (Fringilla spinus Linn)

Werner del.   grandr. nat.ˡ   Lith. de J. Belin.

Gros-bec ... mâle.   Fringilla ... Less.

Gros-bec Pinson　　　(Fringilla Canaria. Linn.)

Gros-bec Chardonneret. (*Fringilla Carduelis. Linn.*)